Die Fischerprüfung in Niedersachsen

Ein Leitfaden mit allen wichtigen Informationen
zur
Fischerprüfung in Niedersachsen

von
Manfred Günther
Ausbilder und Prüfer im AVN

Copyright, alle Rechte vorbehalten 2017
Manfred Günther
Oberbachstr.53
37603 Holzminden

Herstellung und Verlag:
BoD - Books on Demand, Norderstedt
ISBN 978-3-8391-7148-6

Einführung

Sie wollen Fische fangen mit der Handangel und sowohl beschauliche als auch aufregende Stunden in der freien Natur verbringen?

Herzlich willkommen.

Mit Ihren Interessen passen Sie genau in die große Gemeinschaft der Sportangler.
Sportangler deshalb, weil wir alle unseren Lebensunterhalt nicht mit der Angelei verdienen im Gegensatz zum Berufsfischer.
Persönlich möchte ich lieber von Anglern und Fischern sprechen und auf den Begriff Sport verzichten da dieser sich mit Wettkampf verbindet und in zusammenhang mit der lebenden Kreatur Fisch meines dafürhaltens nicht angebracht ist.
Fischfang ist so alt wie die Geschichte der Menschheit, entsprechende Funde wie uralte Angelhaken kann man in den Naturwissenschaftlichen Museen, wie z.B. in Wien oder Berlin, bewundern. Neben Netzen Reusen und Speeren war auch die einfache Handangel schon in der Stein -und Bronzezeit im Einsatz wie entsprechende Funde von knöchernen und metallenen Angelhaken belegen.

Um Ihren Interessen nun auch praktisch nachgehen zu können müssen Sie allerdings mittels einer Prüfung dem Gesetzgeber nachweisen das Sie über Fachwissen,

Kompetenz im Umgang mit den benötigten Geräten, Gesetzeskunde und Ausbildung in der Tötung eines Wirbeltieres verfügen, erst danach ist der Weg zu ihrem Hobby frei.

Dieses Fachwissen ist unverzichtbar, da das Angeln nicht nur aus der Beherrschung modernen Angelgerätes und immer mehr sog. „Modernen Angelmethoden" besteht wie leider nur allzu oft in diversen Angelzeitschriften dargestellt, sondern weil der Angler seiner besonderen Verantwortung für Natur und Umwelt gerecht werden sollte.

Wer sich also der Angelei zuwenden und dazu die Fischerprüfung bestehen möchte, muss sich intensiv vorbereiten

Der Nachweis über Ihr erworbenes Fachwissen ist die erfolgreich abgelegte Sportfischerprüfung, die jeder Angler in Deutschland nachweisen muß.

Der Weg dahin ist freilich von Bundesland zu Bundesland etwas unterschiedlich.

Es kann wie z.B. in Bayern ein einziger staatlich festgesetzter Prüfungstag für das gesamte Bundesland sein, oder es finden Prüfungen je nach Bedarf statt wie z.B. in Niedersachsen.

Es ist daher ratsam das Sie sich rechtzeitig vor der Prüfung über die Modalitäten in Ihrem Bundesland zu informieren.

Hier zeige ich den Weg in Niedersachsen auf.

Auf dem Weg zur Fischerprüfung

Vorab folgendes, den volkstümlich sogenannten und gefragten **„Angelschein"** gibt es nicht!
Zum Angeln in Deutschland benötigen Sie
1. Das Fischereiprüfungszeugnis
2. Den Jahresfischereischein
3. Den Fischereierlaubnisschein

Grundsätzlich gilt es diese Reihenfolge einzuhalten bevor Sie an einem Gewässer angeln dürfen. Die ersten zwei sind behördliche Dokumente, den Fischereierlaubnisschein erhalten Sie vom Pächter oder Besitzer des Gewässers bzw. dem Inhaber des Fischereirechtes, was nicht immer die gleiche Person sein muss.
Das einzige Bundesland in dem Sie keinen Jahresfischereischein benötigen um einen Fischereierlaubnisschein zu erhalten ist Niedersachsen. Hier reicht die Vorlage des Sportfischerprüfungszeugnisses. Wenn Sie als Niedersachse aber in einem anderen Bundesland angeln wollen benötigen Sie immer den Jahresfischereischein. Diesen erhalten Sie unter Vorlage des Prüfungszeugnisses der Sportfischerausbildung und eines Passbildes sowie der Entrichtung einer Verwaltungsgebühr im Ordnungsamt Ihrer Wohngemeinde.
In Niedersachsen gilt der Fischereischein lebenslang, bzw. solange Sie Ihren 1.Wohnsitz in Niedersachsen haben.Weiterführende Abgaben wie z.B. Fischereiabgabe oder Verlängerungsgebühren sind im Gegensatz zu anderen Bundesländern nicht notwendig.

Mit dem Fischereischein in der Tasche können Sie nun in der ganzen Bundesrepublik einen Fischereierlaubnisschein erwerben und Ihrem Hobby legal nachgehen.
Es empfiehlt sich oft, wenn Sie weitgehendst in einer Region angeln, dem dortigen Sportfischerverein beizutreten. Sie erhalten nicht nur Ihren Fischereierlaubnisschein zu einem viel günstigeren Kurs anstelle eines Gastanglers, sondern profitieren meist auch noch von anderen Vorteilen wie Angelmöglichkeit an ansonsten gesperrten Gewässern, Tipps und Tricks anderer Mitglieder, fischereilichen Veranstaltungen, Vereinstreffen und vielen mehr.
Sie werden eventuell von einem erfahrenen Angelkameraden am Gewässer begleitet und eingewiesen, sein spezielles Wissen kann Ihre Fangstatistik sprunghaft steigen lassen.

Das Angeln bietet nicht nur Entspannung und Erholung in der Natur sondern vertieft auch bei einem Neuanfänger das Verständnis für die Zusammenhänge in und am Gewässer. Wenn er Erfolge erzielen will muß er sich über die Lebensbedingungen seiner Beute genauestens informieren.
Nach kurzer Zeit wird er sich wahrscheinlich dann auch für Umweltschutz und praktische Ökologie interessieren.Auch die jahreszeitlichen Veränderungen in der Natur wird er bemerken und bewerten können. Weiterhin wird sich sein Wissen über Flora und Fauna,

auch über die gefiederten Konkurrenten, weiter vertiefen. Fast zwangsläufig wird sich ein intensiver, erfolgreicher Angler auch zu einem Umweltschützer mit hohem Wissensstand entwickeln, will er doch seinem Hobby noch lange Jahre nachgehen und diese Passion vielleicht auch an nachfolgende Generationen weitergeben.

Ein aktiver Angler ist also nicht jemand der die Natur ausbeutet sondern der im Gegenteil für den Erhalt einer gesunden Umwelt einsteht da er seinen Anteil an der jährlichen Ernte unserer Beute auch in späteren Jahren noch erhalten will.

Vor dem Preis kommt bekanntlich immer erst der Schweiß, in unserem Fall die abzulegende Fischerprüfung.

Grundlagen für die Prüfung
Sie müssen der Deutschen Sprache mächtig sein. Die Prüfung und der zuvor erfolgende Unterricht erfolgen ausschließlich in deutscher Sprache. Da das Angelhobby international ausgeübt wird ist das nötig zu wissen um spätere Überraschungen zu vermeiden.
Sie müssen mindestens 14 Jahre alt sein.
Kinder unter 14 Jahren dürfen laut einem Bundesgesetz kein Wirbeltier töten.
Sie sollten Ihren Hauptwohnsitz in Niedersachsen haben.

Einwohner anderer Bundesländer können zwar die Prüfung hier ablegen, ob jedoch das Ordnungsamt ihres Wohnortes diese niedersächsische Prüfung anerkennt und einen sog. Jahresfischereischein ausstellt ist ungewiß.

Ich lebe und wirke im Dreiländereck Niedersachsen, NRW und Hessen an der Weser und erlebe jedes Jahr diese Probleme.

Wenn Sie aus einem anderen Bundesland kommen sollten Sie **vorher** die Frage der Anerkennung der Niedersächsischen Sportfischerprüfung mit der zuständigen Ausgabestelle für Fischereischeine auf Ihrem Ordnungsamt geklärt haben.

Sie sollten sich zu einem Ausbildungskurs bei einem Angelverein in Ihrer Nähe anmelden, Adressen und Termine bekommen Sie direkt bei Ihrem ortsansässigem Angelverein. Nur in diesen Kurse erlernen Sie alles notwendige um die Prüfungsfragen alle richtig zu beantworten.

Ihre Ausbilder

In Niedersachsen hat der Gesetzgeber die Abnahme der Sportfischerprüfung dem Anglerverband Niedersachsen übertragen.

Der Anglerverband bildet fachlich kompetente Mitglieder zu Ausbildern und Prüfern für die Fischerprüfung aus. Voraussetzung ist dafür mindestens die Ausbildung als Gewässerwart und mehrjährige praktische Erfahrung.

Die Prüfer
Prüfer müssen zuvor mindestens
zehn Jahre als Ausbilder gewirkt haben und einen
Lehrgang des Landesverbandes für Prüfer erfolgreich
absolviert haben.
 Die Personen werden von den Vereinen vorgeschlagen die
sich bereiterklären einen Lehrgang zur Sportfischerprüfung
auszuführen.
Nicht jeder Verein kann die Voraussetzungen für eine
Ausbildung erfüllen, bei manchen fehlt es an
Räumlichkeiten, bei anderen an Personal, einige haben
einfach keine Lust die Stunden aufzubringen.
Alle Ausbilder und Prüfer arbeiten ehrenamtlich, sie
erhalten lediglich eine kleine Unkostenentschädigung, die
vom AVN Vorstand verbindlich festgelegt wird.
Im Abstand von drei bis vier Jahren wird eine
Nachschulung der Ausbilder fällig.

Die Prüfung

Anmeldung
Die Anmeldung zur Fischerprüfung und dem angebotenem
Vorbereitungslehrgang muss schriftlich erfolgen.
Darin sind Angaben zur Person zu machen und zu
versichern das keine rechtlichen Versagungsgründe
vorliegen.
Bei jugendlichen Teilnehmern muss der

Erziehungsberechtigte unterschreiben.

Gebühren

Die Lehrgangs- und Prüfgebühren werden vom AVN Vorstand verbindlich festgesetzt und normalerweise bei der Anmeldung zusammen erhoben.

Vorbereitungslehrgang

In den Vorbereitungslehrgängen werden alle Sachgebiete der Fischerprüfung unterrichtet.
Die Vorbereitungslehrgänge werden in deutscher Sprache abgehalten. In der Regel ist die Voraussetzung für die Teilnahme an der Fischerprüfung die Teilnahme an einem Vorbereitungslehrgang des AVN (Anglerverband Niedersachsen), der mindestens 30 (meist 40) Stunden theoretischen Unterricht und eine hinreichende Anzahl von Ausbildungsstunden Praxis umfasst.

Sachgebiete

Theoretischer Teil
1. Allgemeine Fischkunde
2. Spezielle Fischkunde mit einheimischen Süßwasser- und Meeresfischen.
3. Gewässerkunde
4. Fischfang und Gerätekunde
5. Natur-,Tier-und Umweltschutz
6. Fischereirecht

Praktischer Teil

1. Praktische Gerätekunde (Zusammenstellung und Kenntnisse)
2. Erkennen von Fischen und Kenntnisse der gesetzlichen Regelungen.

Durchführung
Die Fischerprüfung im AV Niedersachsen ist nicht öffentlich. Vertreter der staatlichen Fischereiverwaltung sind zugelassen und können der Prüfung beiwohnen. Die gesamte Prüfung wird in deutscher Sprache abgehalten. Die Prüfung gilt als bestanden, wenn
1. der Prüfungsteilnehmer im theoretischen Teil, im Zeitrahmen von 60 Minuten, im Prüfungsbogen von 60 Fragen aus allen sechs Sachgebieten mindestens 45 richtig beantwortet hat. Es müssen jedoch in jedem einzelnen Sachgebiet mindestens sechs der zehn Fragen beantwortet sein.
2. der Prüfungsteilnehmer im praktischen Teil der Prüfung ausreichende Kenntnisse in den geforderten Teilbereichen vorweisen kann.

Die Prüfung für Jugendliche erfolgt gemeinsam mit den Erwachsenen.

Prüfungsausschuss
Die Fischerprüfung wird von einem Prüfungsausschuss durchgeführt.
Der Prüfungsausschuss setzt sich aus dem Vorsitzenden und zwei Beisitzern zusammen. Der Vorsitzende des Prüfungsausschusses ist der Beauftragte des

Landesverbandes, in der Regel der zuständige Bezirksleiter oder dessen Stellvertreter. Die Beisitzer müssen im Besitz der erforderlichen Eignung als Ausbilder oder Prüfer des AV Niedersachsen sein.

Mindestens ein Mitglied des Prüfungsausschusses muss bei der Prüfung im Besitz der erforderlichen Eignung als Prüfer sein.

Wiederholen der Prüfung
Die Fischerprüfung kann, falls nicht bestanden, jeweils in den Prüfungsteilen Theorie und Praxis wiederholt werden. Eine Wiederholung in einem der Prüfungsteile ist nur innerhalb eines Jahres und im gleichen Bezirk des Landesverbandes möglich. Bei Wiederholung eines Prüfungsanteiles ist die volle Prüfungsgebühr zu bezahlen.

Prüfungsnachweis
Der Prüfungsteilnehmer erhält nach bestandener Prüfung und auf Beschluß des Prüfungsausschusses das Zeugnis über die bestandene Prüfung. Dieses Zeugnis ist vom Prüfungsausschuss zu unterzeichnen.

Jugendliche, die zum Zeitpunkt der Prüfung das 14.Lebensjahr noch nicht vollendet haben, bekommen das Prüfungszeugnis erst mit dem 14.Geburtstag ausgehändigt.

Hat ein Prüfungsteilnehmer seine Zulassung zur Fischerprüfung durch unrichtige Angaben erreicht oder hat er bei der Prüfung Täuschungshandlungen begangen, so ist vom Prüfungsausschuss das Zeugnis einzuziehen und die Prüfung für nichtig zu erklären.

Praktische Prüfung
Grundsätzliche Kenntnisse in der Zusammenstellung und Handhabung von waidgerechten Fischereigeräten.
Erkennen und Erläutern von Ausrüstung.
Zusammenstellen des Angelgerätes für den Fang bestimmter Fischarten.
Ein vom Prüfer bestimmtes Angelgerät waidgerecht zusammenstellen und das notwendige Zubehör hinzufügen.
Mündlichen Prüfung
Gegenstand der mündlichen Prüfung ist das Verhalten während des Angelns, das Erkennen und Versorgen der gefangenen Fische sowie ausreichende Kenntnisse der Rechtsvorschriften in den Bereichen Fischerei, Tierschutz und Umweltschutz.

Prüfung theoretischer Teil

1. Allgemeine Fischkunde

Äußerer und innerer Aufbau des Fischkörpers, Bedeutung der Sinnesorgane, Fortpflanzung und Laichzeiten, Fischkrankheiten.

2. Spezielle Fischkunde

Unterscheidung der einheimischen Fischarten und der in den Küstengewässern vorkommenden Meeresfischarten, ihre Merkmale und ihre verschiedenen Lebensweisen.

3. Gewässerkunde

Das Wasser als Lebenselement der Fische: Wasserqualität, Produktionskraft, Sauerstoff- und Temperaturverhältnisse der Fließ- und Stillgewässer. Die Tier- und Pflanzenwelt im und am Wasser. Bedeutung der verschiedenen Gewässertypen und -regionen für die Fischbestände. Fischhege und Gewässerpflege: Verhalten bei Feststellung von Fischschädlingen, Fischkrankheiten, Fischsterben und Gewässerverunreinigungen, Behandlung der Fische nach dem Fang, Laich- und Schongebiete, Besatzmaßnahmen, Fangregelungen, Fangstatistik und ihre Bedeutung.

4. Fischfang und Gerätekunde

Grundsätzliche Kenntnisse über den Fischfang mit der Angel: Erlaubte und nicht erlaubte Fanggeräte und Fangmethoden, richtiges waidgerechtes Zusammenstellen des Angelgerätes für den Fang bestimmter Fischarten des Süßwassers und des Meeres in unseren Gewässern. Unterrichtung in der praktischen Handhabung der Fischereigeräte.

5. Natur-, Tier- und Umweltschutz

Tierschutzgerechtes Verhalten gegenüber der "Kreatur Fisch", d. h.:
Schonende Behandlung und damit Ersparen unnötiger Schmerzen und Leiden sowie das Töten von Fischen. Spezielle Unterweisung bezüglich der Lebensansprüche der Fische und anderer zum Gewässer gehörender Tiere,

deren natürliche Lebensgewohnheiten, des Erkennens möglicher Störungen, der Ausübung des waidgerechten Fischfangs, der Möglichkeiten zur Förderung und Erhaltung eines den Gewässern entsprechenden artenreichen Fischbestandes und der im und am Gewässer lebenden anderen Tier- und Pflanzenarten. Sicherstellung des Überlebens unserer heimischen Fischarten durch Schutz, Erhaltung und Wiederherstellung von Gewässer-Biotopen.

6. Fischereirecht

Rechtliche Bestimmungen: Nds. FischG, Inhalt des Fischereirechtes, Arten der Fischereiberechtigungen (Eigentum, Pacht, Erlaubnisschein). Vorschriften bei Ausübung des Fischereirechtes (staatlicher Fischereischein, Fischereierlaubnisschein, Schonzeiten, Mindestmaße, Schongebiete, Uferbetretungsrecht, Tag- und Nachtfischerei, Gemeingebrauch am Wasser, verbotene Befischungsmethoden, Strafvorschriften), zuständige Verwaltungsbehörden, Fischereiaufsicht, wichtige Bestimmungen z. B. der Binnenfischereiordnung, Küstenfischereiordnung, des Jagd-, Natur- und Tierschutzgesetzes.

Dieser letzte Teil der Ausbildung und Prüfung unterscheidet sich naturgemäß stark von anderen Bundesländern da, wie schon erwähnt, jedes Bundesland ein eigenes Fischereigesetz mit zum Teil unserem Gesetz

konträren Vorschriften hat.
Auf dem Prüfungsbogen ist jede Frage mit drei möglichen Antworten belegt, nur eine ist richtig und muss angekreuzt werden. Aus jedem der sechs Gebiete werden zehn Fragen gestellt von denen sechs mindestens richtig beantwortet werden müssen. Zum Bestehen der Prüfung sind jedoch mindestens fünfundvierzig Fragen richtig zu beantworten.

Inhalt der Prüfungsfragen

Die Antworten sind nicht numerisch sondern inhaltlich sortiert.Auch sind die falschen Antworten nicht aufgeführt. Alle sechzig Fragen eines Gebietes werden inhaltlich beantwortet, so das Sie ohne Aufregung in den Vorbereitungskurs zur Prüfung gehen können.
Ich möchte hier nochmals ausdrücklich darauf hinweisen das dieser Leitfaden keinen Ersatz für eine Ausbildung darstellt und einen qualifizierten Unterricht nicht ersetzen kann.Es ist auch meiner Ansicht nach sinnlos 360 Antworten ohne Verständnis auswendig zu lernen da Sie später trotz bestandener Prüfung sich am Wasser falsch verhalten und unangenehm auffallen. Der Inhalt der Fragen und Antworten muss erkärt, verstanden, verinnerlicht und dann in der Praxis umgesetzt werden.

1. Allgemeine Fischkunde

Sie müssen in diesem Kapitel folgendes wissen:

Die Fischfamilie der Karpfenartigen (Cypriniden) umfasst die meisten Arten.

Strömung, Ernährung und Raubdruck können Veränderungen der Körperform bei ein und derselben Fischart bewirken.

Die paarigen Flossen der Fische dienen der Steuerung und dem Gleichgewicht.

Die Schwanzflosse der Fische dient in erster Linie der Fortbewegung.

Die Bachforelle besitzt eine Fettflosse.

Kehlständige Bauchflossen stehen vor den Brustflossen.

Bei den Barschartigen (Perciden) sind die Bauchflossen brustständig.

Beim Zwergstichling und Dreistachligen Stichling sind die Rückenstacheln nicht mit einer Flossenhaut verbunden.

Die Schleimschicht schützt den Fisch gegen äußere Einflüsse

In der Lederhaut befinden sich Schuppen und Farbzellen.

Die Wachstumsringe im Winter erscheinen als dunkle Ringe und Bögen in der Durchsicht der Fischsuppe.

Zander,Flussbarsch und Kaulbarsch haben Kammschuppen.

Aal und Wels sind schuppenlos.

Keine Fischart ernährt sich überwiegend von Fischlaich.

Auf dem Weg über Auge,Gehirn,Nerven und Farbzellen erfolgt die standortbezogene Färbung der Fische.

Durch Hormone und Farbzellen erfolgt die Laichfärbung der Fische.

Harte,meißt weißliche körnige Gebilde auf der Hautoberfläche einiger laichreifer Cypriniden nennt man Laichausschlag.

Es gibt drei Maulstellungen bei Fischen, Ober-,unter- und endständiges Maul.

Bei einigen Cypriniden können die Barteln zur Artbestimmung herangezogen werden.

Karpfen und Barbe besitzen vier Barteln.

Barteln sind die Träger von Geschmacksnerven und des Tastsinnes im Maulbereich.

Brassen, Rotfeder, Karpfen haben Schlundzähne.

Die lachsartigen Fische (Salmoniden) besitzen ein sog. Pflugscharbein, das auch zur Artunterscheidung herangezogen werden kann.

In den Kiemen wird beim Fisch das Blut mit Sauerstoff angereichert.

Die Wassertemperatur ist maßgebend für die Körpertemperatur des Fisches.

Die Hauptblutgefäße verlaufen unterhalb der Wirbelsäule.

Fische sind wechselwarme Tiere weil sich ihre Körpertemperatur der jeweiligen Wassertemperatur angleicht.

Das Blut des Aales wirkt Schleimhautreizend.

Cypriniden haben eine zweiteilige Schwimmblase mit Verbindung zum Vorderdarm.

Beim Fisch befindet sich die Gallenblase an der Leber.

Durch Verletzungen der Schleimschicht kommt es in Regel bei Fischen zu Verpilzungen.

Eine gesunde Leber ist bei den meisten Süßwasserfischarten Rotbraun gefärbt.

Die Nieren des Fisches liegen in der Bauchhöhle unter der Wirbelsäule vom Kopfansatz bis teilweise hinter dem After.

Beim Ausweiden des Fisches zum Verzehr muß unbedingt darauf geachtet werden das die Gallenblase nicht zerschnitten und die Nieren restlos entfernt werden.

Zwischen Augenhinterrand und Schädelende ist im Fischschädel das Gehirn zu finden.

Es ist wichtig die Lage des Fischgehirns zu kennen um den Fisch vorschriftsmäßig betäuben zu können.

Durch einen kräftigen Schlag auf die Gehirngegend betäubt man den Fisch wirksam.

In der Wirbelsäule verläuft der Hauptnervenstrang bei den Fischen.

An beiden Körperseiten des Fisches bis in den Kopfbereich verläuft der Ferntastsinn das sog. Seitenlinienorgan.

Bei Hecht und Zander ist das Seitenlinienorgan am Kopf besonders stark entwickelt.

Der Geschmackssinn der Fische ist sehr gut ausgebildet.

Zander, Wels, Mühlkoppe bewachen ihren Laich.

Am Kopf, an den Lippen und Barteln sind die sog. Geschmacksknospen beim Fisch am häufigsten zu finden.

Besonders gut ausgebildet ist der Geschmackssinn bei den Cypriniden und dem Aal.

Das Auge des Fisches ist kurzsichtig, das Hell- und Dunkelsehen ist gut.

Fische können begrenzt aus dem Wasser heraus sehen.

Durch das Wasser übertragende Schallwellen können von den Fischen wahrgenommen werden.

Der männliche Fisch wird als Milchner bezeichnet.

Der weibliche Fisch wird als Rogner bezeichnet.

Ein Laichhaken ist eine hakenartige Ausbildung des Unterkiefers beim Milchner einiger Salmoniden.

Karpfen und Wels sind Sommerlaicher.

Sommerlaicher sind Fische die bei einer Wassertemperatur von 17°C und mehr laichen.

Quappe,Bachforelle und Lachs laichen in Herbst und Winter.

Bei den Herbst-und Winterlaichern dauert die natürliche Entwicklung der Eier am längsten.

Die meisten Eier produziert der Karpfen.

Die Stichlinge legen ihre Eier in selbstgebaute Nester.

Der Bitterling legt seine Eier in Muscheln.

Sog. Wanderfische legen weite Wege zu ihren Laichplätzen zurück.

Der Aal wandert zum Laichen vom Süßwasser ins Salzwasser.

Kranke Fische dürfen nicht zurückgesetzt werden.

2.Spezielle Fischkunde
Sie müssen in diesem Kapitel folgendes Wissen.:

Die Bach-,Fluss- und Meerneunaugen gehören zu den

Rundmäulern.

Neunaugen haben ein knorpeliges Skelett.

Ihren Namen haben die Neunaugen daher: Sie haben ein Nasenloch und auf jeder Seite ein Auge und sieben Kiemenöffnungen.

Die Karausche hat den geringsten Sauerstoffbedarf.

Der Fisch ist eine Regenbogenforelle.

Anzahl und Stellung der Schlundzähne werden als unveränderliche Merkmale bei den Cypriniden zur Artbestimmung herangezogen.

Bei Bachforelle, Hecht und Flußbarsch sind die Kiefer bezahnt.

Die Anzahl der Barteln ist richtig wie folgt: Schleie-2, Quappe-1, Karpfen-4, Wels-6, Barbe-4, Gründling-2

Der Schlammpeitzker hat die meisten Barteln.

Die Nase hat keine Barteln.

Die Quappe hat nur eine Bartel an der Unterlippe.

Ein Unterständiges Maul haben Nase, Barbe und Gründling.

An Pflanzen laichen Schleie, Karpfen, Flussbarsch und Hecht.

Die Rotfeder unterscheidet sich vom Rotauge folgendermaßen: die Rotfeder hat ein oberständiges Maul und der Ansatz der Rückenflosse liegt deutlich hinter dem Ansatz der Bauchflossen.

Zur Unterscheidung von Döbel und Aland zieht man folgende Merkmale heran: Schuppenkleid, Größe des Mauls und Bezahnung der Schlundknochen.

Der Fisch ist ein Aland.

Der Brassen hat ein vorstülpbares Rüsselmaul.

Brassen und Güster haben eine hochrückige, seitlich abgeflachte Körperform.

Der Schuppenkarpfen hat ein vollständiges Schuppenkleid.

Die Schleie findet man bevorzugt am Gewässergrund und im Uferbereich.

Bei der Barbe ist der Rogen giftig.

Der Zander hat keinen spitzen Dorn am Kiemendeckel.

Die eindeutige Unterscheidung des Jungzanders vom Flußbarsch erfolgt durch den fehlenden spitzen Dorn am Kiemendeckel.

Der Zander klebt seine Eier an Wurzelwerk und Steine und bewacht den Laich.

Der Fisch ist ein Kaulbarsch.

Der Europäische Aal laicht in der Sargassosee (Karibik)

Glasaale sind Jungaale mit transparenten Körper

Blankaale werden zum Laichen abwandernde Aale genannt.

Der Blankaal hat einen großen Fettgehalt,erweiterte Augen ,der Bauch wird silberglänzend, der Rücken dunkel.

Der Aal laicht nur einmal in seinem Leben.

Der Aal hat keine Bauchflossen.

Den Wolgazander unterscheidet man vom heimischen Zander über die ihm fehlenden Hundszähne.

Die Quappe hat kehlständige Bauchflossen.

Der Fisch ist ein Rapfen.

Die Fettflosse unterscheidet deutlich die Salmoniden von den Cypriniden.

Die Lachsartigen (Salmoniden) bevorzugen klares,kühles und sauerstoffreiches Wasser.

Die Bachforelle hat den höchsten Sauerstoffbedarf.

Die Bach- und Meerforelle sind einheimische Salmoniden.

Wolgazander,Schwarzmundgrundel und Regenbogenforelle sind nicht in Deutschland heimisch.

Lachs,Bachforelle,Nase und Barbe sind Kieslaicher.

Bach-und Meerforellen laichen auf kiesigen durchströmten Grund.

Der Fisch ist eine Äsche.

Die Bauchflossen der nicht heimischen Grundelarten sind zu einer saugnapfartigen Scheibe ausgebildet.

Der schwarze Fleck auf der ersten Rückenflosse und die Bauchflossen sind Merkmale der Schwarzmundgrundel. Der Lachs unterscheidet sich von der Meerforelle dadurch das seine Maulspalte nicht bis hinter die Augen reicht und die Tupfer vorwiegend oberhalb der Seitenlinie sind.

Köhler, Wittling und Schellfisch sind Dorschartige.

Scholle und Flunder sind Plattfische.

Dieser Fisch ist ein Döbel.

Dieser Fisch ist ein Rotauge.

Dieser Fisch ist ein Brassen.

Dieser Fisch ist eine Güster.

Dieser Fisch ist eine Rotfeder

Dieser Fisch ist ein Flußbarsch.

Dieser Fisch ist ein Zander.

Dieser Fisch ist eine Quappe.

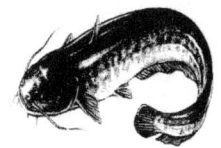

Dieser Fisch ist ein Wels.

Dieser Fisch ist ein Lachs.

Dieser Fisch ist eine Bachforelle.

Dieser Fisch ist ein Schuppenkarpfen.

Dieser Fisch ist ein Dorsch.

3. Gewässerkunde
Sie müssen in diesem Kapitel folgendes wissen:

Grundwasser ist in der Regel sauerstoffarm.

Am dichtesten und damit am schwersten ist Wasser mit +4°C

Der kalte und klare Bergbach hat in der Regel die höchste Sauerstoffkonzentration
Im kalten Wasser ist mehr Sauerstoff gelöst als im Warmen.

Nährstoffhaltige Einleitungen sind für ein Gewässer schädlich, da bei deren Abbau dem Wasser Sauerstoff entzogen wird und daher ein Fischsterben ausgelöst werden kann.

Der pH-Wert zeigt den Reaktionszustand des Wassers an (sauer/neutral/alkalisch).

Ein neutraler pH-Wert um 6.5-8.5 ist für Fische gut geeignet.

In der Tiefe eines Stillgewässers kommt es ehesten zum Sauerstoffmangel.

Wenn ein Fischsterben beobachtet wird sind die Polizei

und die zuständige Wasserbehörde zu informieren.

In kalten Wasser kann mehr Sauerstoff gelöst sein als im warmen Wasser.

Die Fangmeldung und die Fangstatistik dienen als Grundlage für ein Fischbestandsmanagement.

Die Notatmung der Fische deutet auf Sauerstoffmangel hin.

Die Uferzone in stehenden Gewässern reicht soweit wie Licht bis zum Boden vordringt.
Am ertragsreichsten in Hinblick auf den Fischzuwachs ist die Uferzone.

Die Reihenfolge der Wasserpflanzen in stehenden Gewässern vom Ufer zur Seemitte hin :
Gelegegürtel,Schwimmblattpflanzen,Laichkräuter, unterseeische Wiesen.

Das der Boden nicht vom Licht erreicht wird kennzeichnet die Freiwasserzone.

Fische ersticken, weil das Wasser unter dem Eis in stehenden Gewässern keinen Sauerstoff aus der Luft aufnehmen kann.

Die vollständige temperaturbedingte Umwälzung des Gewässerskörpers eines stehenden Gewässers wird als

Frühjahrs- und Herbstvollzirkulation verstanden.

Wenn das Wasser nährstoffreich ist gilt das stehende Gewässer als besonders fruchtbar.

Zur Produktion von Sauerstoff durch Pflanzen ist Tageslicht nötig.

Wasserpflanzen dienen der Sauerstoffproduktion, bieten Versteckmöglichkeiten und bilden ein Laichsubstrat.

Algen und Unterwasserpflanzen bilden einen wichtigen Teil der Nahrungskette in einem Gewässer.

Laichkräuter und Pflanzen der unterseeischen Wiesen reichern das Wasser am besten mit Sauerstoff an.

Als Unterwasserpflanzen bezeichnet man Laichkräuter,Hornblatt,Tausentblatt.

Fischereilich besonders wertvoll sind die untergetauchten Pflanzen wie Laichkraut.Tausendblatt.Hornkraut.

Die Wasserpest ist eine nicht heimische Wasserpflanze.

Fotosynthese ist die Umwandlung von Lichtenergie in chemische Energie durch Pflanzen.

Pflanzliches Plankton besteht aus Goldbraunen Algen, Grün-und Kieselalgen.

Wasserblüte ist die starke Entwicklung verschiedener Algenarten.

Pflanzlicher Aufwuchs ist der Algenbewuchs an Pflanzen.

Tierisches Plankton ist für die Ernährung der Fischbrut besonders wichtig.

Für die Gewässergüte sind folgende Faktoren mit ausschlaggebend: der Verschmutzungsgrad und das Vorkommen bestimmter Lebewesen.

Am Gewässergrund der Brassen- und Brackwasserregion leben vor allem die Schlammröhrenwürmer.

Insekten und ihre Larven haben stets 3 Paar Beine.

Der Gelbrandkäfer und seine Larve fressen auch Fische.

Totholz bietet Fischen Versteckmöglichkeiten und ist Lebensraum für unzählige Wirbellose.

Die Gewässergüteklassen sind die Qualitätsstufen der Fließgewässer, die durch vorkommende Kleinlebewesen bestimmt werden.

Köcherfliegenlarven bauen sich ein Gehäuse.

Ein Fischegel ist ein blutsaugender Außenparasit.

Die Karpfenlaus schmarotzt auf der Haut von Fischen.

Zu den Außenparasiten zählen der Fischegel, die Karpfenlaus und der Kiemenkrebs.

Die Reihenfolge der fischereilichen Fließgewässerregionen von der Quelle bis zur Mündung ins Meer lautet : Forellen-,Äschen-,Barben-,Brassen-, Brackwasserregion.

Es bilden sich bei Fließgewässern von der Quelle bis zur Mündung verschiedene Biotope für Fische heraus,abhängig von Strömungsgeschwindigkeit, Temperatur, Wasser- und Bodenbeschaffenheit.

In der Forellenregion ist der Jahrestemperaturunterschied am geringsten.

Die Forellenregion ist die sauerstoffreichste Fließgewässerregion.

Die Forellenregion liegt der Quelle am nächsten.

In der Brassenregion leben natürlicherweise die meisten

Fischarten.

Fließendes, im Sommer kaltes und sauerstoffreiches Wasser ist für Bachforellen am vorteilhaftesden.

In der Brackwasserregion ist der Sauerstoffgehalt am geringsten.

Die Barbenregion der Fließgewässer hat Kiesigen Untergrund,gleichmäßige Strömung und Pflanzenwuchs.

Die Brassenregion besitzt schlammigen Untergrund und langsam fließendes Wasser.

Ein Altarm ist ein alter Teilabschnitt eines Fließgewässers, der wassergefüllt ist.

Art und Menge des Fischbesatzes richten sich vorrangig nach der fischereibiologischen Eignung und der vorhandenen Nahrung.

Da sie wichtige Funktionen im Ökosystem haben und Teil der heimischen Artenvielfalt sind müssen beim Fischbesatz auch heimische Fischarten berücksichtigt werden, die fischereilich nicht genutzt werden.

Eine chemische in Verbindung mit einer biologischen Wasseruntersuchung zeigt die Eignung eines Gewässers für bestimmte Fischarten.

Eine Fangmeldung sollte folgendes enthalten: Fischart, Anzahl, Länge, Gewicht der Fische sowie Anzahl der Angeltage und den Gewässernamen.

Besonders günstige Laichmöglichkeiten sollten für alle heimischen standorttypischen Fischarten geschaffen werden.

Laichmöglichkeiten in einem Gewässer können durch Anlegen von Laichwiesen, Flachwasserzonen und Einbringen von Kies und Steinen gefördert werden.

Erlen am Gewässer dienen der Beschattung, der Uferbefestigung, als Unterstand für Fische.

Fischtreppen oder Fischpässe sind spezielle Bauten in Gewässern, die den Fischen das Überwinden von Hindernissen ermöglichen.

4. Fischfang und Gerätekunde

Sie müssen in diesem Kapitel folgendes wissen:

Bei der Wahl einer Angelschnur müssen Sie besonders auf den Durchmesser und die Tragkraft achten.

Wenn Sie Haken ohne Widerhaken verwenden bleiben die Fische am ehesten unversehrt.

Beim Friedfischfang sollte für das Vorfach der nächst kleinere Schnurdurchmesser gewählt werden.

Angeraute Angelschnur muß man abschneiden und sachgemäß entsorgen.

Geflochtene Angelschnüre haben eine erheblich geringere Dehnung und eine höhere Tragkraft als monofile Schnüre.

Von der Fisch- und Gewässerart hängt in erster Linie die zu verwendende Schnurstärke ab.

Der Schnurteil zwischen Hauptschnur und Haken wird als Vorfach bezeichnet.

Vor jedem Angeln ist die Tragfähigkeit der Schnur durch eine Knotenprobe zu prüfen.

Schadhafte Schnurführungsringe sind nicht waidgerecht , da sie die Schnur so beschädigen das diese reißen kann.

Eine synthetische Angelschnur (Perlon,Nylon) wird am meißten durch schadhafte Ringe, scharfe Kanten an der Rolle und ultraviolettes Licht gefährdet.

Die Angelschnur soll beim Anhieb gespannt und mit Fühlung zum Fisch geführt werden.

Bei der Angelschnur nutzen sich die ersten Meter hinter dem Haken am stärksten ab.

Beim Fliegenfischen ist die Schnur das zu werfende Gewicht.

Die Tragfähigkeit der Schnur ist am Knoten geringer.

Beim Angeln auf Hecht soll ein Stahlvorfach oder ähnliches Material verwendet werden weil Hechtzähne normales Vorfachmaterial durchtrennen können.

Drop Shot-,Texas- und Carolina Rig sind spezielle Formen des aktiven Angelns vornehmlich mit Kunstködern auf Raubfische.

Kohlefaserruten sind trotz großer Steifheit besonders leicht und daher gut zu handhaben.

Die Rutenaktion ist die Art der Durchbiegung der Rute bei Belastung.

Um die Rute beim Wurf nicht zu überlasten wird bei den meisten Angelruten das Wurfgewicht angegeben.

An der Fliegenrute befindet sich die Fliegenrolle hinter der Wurfhand am hinteren Ende der Rute.

Eine Teleskoprute ist eine zusammenschiebbare Hohlglas- oder Kohlefaserrute.

Beim Brandungsangeln sollte die Angelrute dem Brandungsbereich entsprechend stark und lang sein.

Kohlefaserruten leiten Strom sehr gut, darum ist Vorsicht bei Gewitter und in der nähe von Stromleitungen geboten.

Die Stationärrolle ist für leichte und mittlere Spinnfischerei und das Grundangeln besonders gut geeignet.

Beim einstellen der Schnurbremse an der Stationärrolle darf die Reißfestigkeit der Schnur nicht überschritten werden.

Die Schnurbremse verhindert einen Schnurriss beim Drill eines Fisches.

Die Schnurbremse der Angelrolle passt die Bremswirkung

an die Reißfestigkeit der Schnur an.

Eine Senke ist ein Netz zum Fang von Köderfischen.

Folgende Hilfsgeräte muß der Angler beim Fischfang mit sich führen : Maßband, Schlagholz, scharfes Messer, Landehilfe, Hakenlöser.

Popper,Jerks und Twichbaits sind Kunstköder.

Der gummierte Kescher ist eine besonders fischschonende Landehilfe.

Eine Multirolle ist eine übersetzte Rolle mit sich drehender,quer zur Rute liegenden Schnurspule.

Bei der Multirolle dreht sich beim Werfen die Schnurspule.

Beim Spinnfischen werden in der Regel Drillinge verwendet.

Wurmhaken besitzen Widerhaken am Schenkel.

Hakengröße 1 ist größer als Hakengröße 6 .

Beim Angeln auf Cypriniden benutzt man Einfachhaken.

Beim Angeln auf Cypriniden sollen keine Zwillings- oder Drillingshaken benutzt werden.

Ein Paternostervorfach besitzt zwei oder mehr Haken zum gleichzeitigen Fang mehrerer Fische.

Das Angeln auf kleine Friedfische bezeichnet man als Stippfischen.

Zum Feederfischen eignen sich Futterkorb, Wechselspitzen und Rutenablage.

Das Flugangeln oder Fliegenfischen ist eine besondere Angelmethode unter Verwendung von künstlichen Fliegen und besonderer Schnur.

Die Führung des Köders im Wasser ist für den Fangerfolg beim Spinnfischen ausschlaggebend.

Bei der Zielfischart Hecht soll ein Stahlvorfach oder ähnliches Material eingesetzt werden.

Ein Zusatz- oder Angstdrilling ist ein Haken der am hinteren Ende eines Gummifisches montiert wird.

Nach dem Drill ist der Fisch mit dem Unterfangkescher zu landen.

Vor Angelbeginn muß folgendes am Gerät geprüft werden: Schnurführungsringe auf Risse, Schnur auf Tragfähigkeit und Rolle auf richtige Einstellung der Schnurbremse.

Beim Drill ist die Schnur in stetiger Spannung zu halten.

Ein Springer ist ein von der Hauptschnur abgehende kurze Seitenschnur mit künstlichen oder natürlichen Köder.

Der Spitzen- oder Endring ist der am stärksten belastete Rutenring.

Ein Wobbler ist eine ein- oder mehrteilige Fischimitation , die im Wasser taumelnde Bewegung ausführt.

Beim Spinner dreht sich das Spinnerblatt um die eigene Achse.

Ein Twister ist ein Angelköder aus weichen Kunststoff.

Ein Pilker ist ein schwerer Metallköder für das Meeresfischen.

Der Wobbler ist gewöhnlich mit einer Tauchschaufel versehen.

Ein zwischen Schnur und Vorfach eingeführter Wirbel soll das Verdrehen der Schnur verhindern.

Durch Einschaltung eines Wirbels soll beim Spinnfischen ein Verdrehen der Angelschnur vermieden werden.

Bei der Gleit- oder Laufpose läuft die Schnur durch den

Posenkörper.

Eine Pose hält den Köder in einer bestimmten Wassertiefe und zeigt den Biss an.

Eine Löseschere oder Lösezange dient zum schonenden Herauslösen des Hakens aus dem Fischmaul.

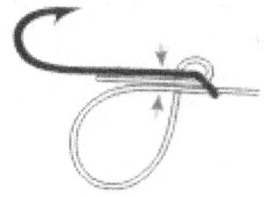

5. Natur-, Tier- und Umweltschutz

Sie müssen in diesem Kapitel folgendes wissen:

Das Ziel der Naturschutzgesetzgebung ist die Sicherung der Natur als Lebens- und Erholungsraum.

Die Naturschutzgesetzgebung beinhaltet als Ziel Natur und Landschaft zu schützen und zu pflegen, um die Lebensgrundlage für Mensch und Tier zu erhalten und zu verbessern.

Naturschutzgebiete sind rechtsverbindlich festgesetzte Gebiete zum Schutz von Natur und Landschaft, hier sollen Lebensgemeinschaften von Tier- und Pflanzenarten erhalten werden.

Die Naturschutzgesetzgebung sichert die Lebensgrundlage des Menschen sowie seine Erholung in Natur und Landschaft nachhaltig.

Für den Angler bedeutet der § 1 des Bundesnaturschutzgesetzes : Fischbestände art- und altersgerecht zu hegen und ggf. dem Gewässer anzupassen.

Für den Angler bedeutet Naturschutz der Schutz der Lebensgemeinschaften von Pflanzen und Tieren im und am Wasser und ihre Hege.

Das Bundesnaturschutzgesetz enthält folgende grundsätzliche Aussagen über Wasserflächen: Wasserflächen sind zu erhalten, zu vermehren, vor Verunreinigungen zu schützen, um ihre natürliche Selbstreinigungskraft zu bewahren.

Das ökologische Gleichgewicht wird durch nicht heimische Tier- und Pflanzenarten (Neozoen,Neophyten) massiv gestört.

Ein Biotop ist der Lebensraum einer bestimmten Pflanzen- und Tiergesellschaft oder einer einzelnen Art.

Ein Angler soll sich im Uferbereich von Gewässern so verhalten das er keine Pflanzen im Wasser und Uferbereich beschädigt oder beseitigt.

Ein Angler sollte stets beachten das er im Rahmen seiner Möglichkeiten am Gewässer Naturschutz praktiziert.

Landschaftsschutzgebiete werden eingerichtet zur Erhaltung des Naturhaushaltes und der Nutzbarkeit seiner Naturgüter zur Erholung des Menschen.

Heimische Teich- und Seerosen stehen unter Natueschutz und sind damit besonders geschützt da sie sehr selten geworden oder vom Aussterben bedroht sind.
Wenn sie an einem Gewässer Amphibien entdecken sind

diese in der Regel geschützt und dürfen nicht verjagt, gefangen oder getötet werden.

Wenn Wasserpflanzenbestände gelichtet werden sollen sind die Arbeiten nicht während der Laichzeit der Fische und Amphibien durchzuführen, geschützte Pflanzen dürfen dabei nicht beseitigt werden.

Alle Frösche,Kröten,Unken,Salamander und Molche stehen unter Naturschutz.

Das Naturschutzgesetz versteht unter Artenschutz den Schutz und die Pflege wildlebender Tiere und Pflanzen einschließlich ihrer Lebensräume und Lebensgemeinschaften.

Die sog."Rote Listen" geben Auskunft über den Gefährdungsgrad einzelner Tier- und Pflanzenarten.

Ein gehakter Fisch soll so kurz wie möglich gedrillt und dann schonend gelandet werden.

§ 1 des Tierschutzgesetzes besagt: Niemand darf einem Tier ohne vernünftigen Grund Schmerzen, Leiden oder Schäden zufügen oder es töten.

Unsachgemäßer Transport, unsachgemäße Hälterung und unsachgemäße Tötung von Fischen verstoßen gegen das Tierschutzgesetz

Ein Angler verstößt gegen das Tierschutzgesetz wenn er einen lebenden Köderfisch verwendet.

Wettfischen sind verboten

Mindestmaße für einige Fischarten sind erforderlich um den Fisch mindestens einmal die Möglichkeit zum Laichen zu geben damit er zur Bestandserhaltung beitragen kann. Der untermaßige Fisch ist nach dem Fang vorsichtig mit nassen Händen anzufassen, der Haken zu entfernen und der Fisch vorsichtig zurückzusetzen.

Unter „waidgerechtem Angeln" versteht man die Einstellung zur Kreatur Fisch und zur Natur unter Berücksichtigung des Tier- und Naturschutzes.

Stress kann man beim Fisch hervorrufen durch Beunruhigung,Drill,Sauerstoffmangel,unsachgemäße Hälterung und Ähnliches.

Die Frage ob Fische Schmerzen empfinden können ist noch nicht endgültig geklärt, begründete Zweifel existieren.

Man darf nie mit lebenden Köderfisch angeln.

Ein Fischschonbezirk ist ein Gewässerabschnitt in dem das Angeln für bestimmte Zeiten verboten ist.
Schonzeiten sollen das ungestörte Ablaichen der Fische

ermöglichen und legen fest das bestimmte Fischarten während dieser Zeit nicht dem Gewässer entnommen werden dürfen.

Artenschonzeiten sind Zeiträume in denen bestimmte Fischarten nicht dem Gewässer entnommen werden dürfen.

Der Europäische Stör gilt als vom Aussterben bedroht.Biber, Fischotter und Europäischer Nerz sind am oder im Wasser lebend und nach der Bundesartenschutzverordnung geschützt.

Um den Bestand bedrohter Fische zu erhalten und zu vermehren sollen bei Besatzmaßnahmen diese bestandsbedrohten Fischarten eingesetzt werden wenn sie für dieses Gewässer geeignet sind.

Wenn keine natürliche Fortpflanzung stattfindet ist in der Regel Fischbesatz erforderlich.

Durch Angler können Fischkrankheiten in offene Gewässer eingeschleppt werden.

Die amtliche Gesundheitsbescheinigung für Satzfische ist die Gewähr für gesunde Fische.

Wenn ein Angler in Ufernähe einen brütenden Vogel feststellt muss er entsprechend weitem Abstand zum Vogel einnehmen um das Brutgeschäft nicht zu stören.

Fangstatistiken sind wichtig weil sie Auskunft über den Fischbestand(Artenzusammensetzung,Größenstruktur,Ver mehrung etc.) geben und für das nachhaltige Fischmanagement von Bedeutung sind.

Der Kormoran ist ein in Deutschland heimischer Vogel.

Große Fische sind ökologisch wertvoll, denn sie produzieren viele Eier die häufig auch von besserer Qualität sind.

Alle Lurche (Amphibien) und Kriechtiere (Reptilien)sind laut Bundesartenschutzverordnung geschützt.

Die Zielvorgaben der EU-Wasserrahmenrichtlinie in Bezug auf die Fischfauna sind die Sicherung und Wiederherstellung des guten ökologischen Zustands.

Die Hauptursachen für Gewässerbelastungen sind die intensivierte Landwirtschaft, Einleitung von Abwässern und naturferner Gewässerausbau.

Die Renaturierung eines Gewässers ist die Wiederherstellung eines möglichst naturnahen Zustandes.

Zum Fischsterben führen kann die Einleitung von Abwasser, Schadstoffen und Gülle.
Beobachtungen über krankheitsverdächtige Fische hat

jeder Fischereiausübungsberechtigte zu melden.

Gewässergüteklassen geben Auskunft über die chemische und biologische Beschaffenheit eines Gewässers.

Kormoran,Eisvogel und Haubentaucher ernähren sich hauptsächlich von Fischen.

Ursachen für das Verschwinden von Fischnährtieren sind Insektizide,Gewässerverschmutzung, Wasserbaumaßnahmen und Sedimenteintrag.

Laichschongebiete fördern die natürliche Fortpflanzung der Fische.

Um die natürliche Produktionskraft des Gewässers zu nutzen sollten in der Regel nur Jungfische eingesetzt werden.

Der Fischbestand in einem Gewässer soll diesem Gewässer entsprechend artenreich und in richtiger Alters- und Größenzusammensetzung sein.

Grundräumungen in Salmonidengewässern haben zu unterbleiben weil dadurch die Kiesbetten als Laichbetten und Lebensraum zerstört werden.

Die nicht heimischen Bisam fressen Pflanzen und Muscheln und unterwühlen die Ufer.

Ein gefangener Wolgazander oder eine gefangene Grundel ist vom Angler unverzüglich zu töten und einer sinnvollen Verwendung zu zuführen.

Es dürfen keine gebietsfremden oder nicht einheimische Fische in ein Gewässer gesetzt werden.

Die Brut- und Satzzeit ist die Zeit in der Vögel brüten und das Wild seinen Nachwuchs zur Welt bringt, in der Regel vom 01.04 bis 15.07 eines Jahres.

Wenn man Busch- und Baumbestände am Ufer oder im Gelegegürtel lichtet ist darauf zu achten das die Nistplätze der am Wasser lebenden Vogelarten erhalten bleiben.

6. Fischereirecht

Sie müssen in diesem Kapitel folgendes wissen:

Voraussetzungen für die staatliche Anerkennung von Angel-oder Fischereivereinen laut dem Niedersächsichen Fischereigesetz sind folgende: Gemeinnützigkeit, Rechtsfähigkeit und Vereinssitz in Niedersachsen, ausgebildete Gewässerwarte, mindestens 30 Mitglieder.abgelegte Fischerprüfung der Mitglieder.

Das Fischereirecht wird durch Landesrecht geregelt.

Aus dem Fischereirecht ergibt sich das Recht Fische und Krebse zu hegen, zu fangen und sich anzueignen.

Das Fischereirecht regelt die Pflicht der Fischbestandshege und das Recht des Fischfanges.

Zur Vorbereitung auf die Fischerprüfung und unter Aufsicht einer geeigneten Person darf auch ein Jugendlicher unter 14 Jahren eine Fischereierlaubnis erhalten.

Der Fischereiberechtigte oder der Fischereipächter stellen einen Fischereierlaubnisschein aus.

Die anerkannten Landesfischereiverbände sind berechtigt in Niedersachsen die nach dem Fischereigesetz vorgeschriebene Fischerprüfung abzunehmen.

Das Tierschutzgesetz bzw, die Tierschutz-Schlachtverordnung regeln das Töten von Fischen.

Ein Angler in Niedersachsen muß bei der Ausübung der Fischerei den Fischereierlaubnisschein in Verbindung mit dem Personalausweis oder Fischereischein mit sich führen.

In Niedersachsen wird der Fischereischein vom Ordnungsamt der Gemeinde oder der Stadt ausgestellt.

Zum Erhalt eines Fischereischeines wird das Fischerprüfungszeugnis benötigt.

In Niedersachsen ist für kein Fischgewässer der Fischereischein erforderlich.

Der niedersächsische Fischereischein ist ein Leben lang gültig.

Der Fischerprüfungsausweis ist kein Erlaubnisschein zum Angeln.

In Niedersachsen werden an die Ausgabe des Fischereischeines auf unbeschränkte Zeit folgende Voraussetzungen geknüpft: Vollendung des 14.Lebensjahres und abgelegte Fischerprüfung.
Unter „Uferbetretungsrecht" versteht man das Betreten von

nicht eingefriedeten Grundstücken in dem zur Ausübung der Fischerei erforderlichen Umfang.

Einfach eingezäunte Viehweiden sind keine eingefriedete Grundstücke.

Folgende Grundstücke dürfen bei der Fischereiausübung nicht betreten werden: Dauernd eingefriedete Haus- und Hofgrundstücke, Forst- und Feldkulturen.

Unter Fischnacheile versteht man den Fischfang auf überfluteten Grundstücken, solange die Verbindung mit dem Fluss besteht.

Eine Gemeinde kann verbieten bestimmte Grundstücke oder Anlagen in Ausübung des Fischereirechtes zu betreten oder zu befahren soweit es zum Schutz oder zur Abwehr von Gefahren für die öffentliche Sicherheit oder Ordnung erforderlich ist.

Bei einer Gewässerverunreinigung ist es besonders wichtig Polizei und Wasserbehörde zu benachrichtigen und Beweise zu sichern.

Folgende Vorgehensweise ist bei der Durchsetzung von Entschädigungsforderungen wichtig: Schadensanzeige bei der Polizei, Beweissicherung und Ermittlung der Schadenshöhe.
Rechtlich werden Gewässerverunreinigungen als Straftat

nach dem Strafgesetzbuch gewertet.

Der Angler kann bei einem Fischsterben folgendes zur Beweissicherung beitragen: Bergen, zählen, vermessen und fotografieren der toten Fische.

Elektrofischerei dürfen nur Personen ausüben die einen Bedienungsschein für Elektrofischfanggeräte besitzen.

Der Einsatz des Setzkeschers in Niedersachsen ist im Niedersächsischen Merkblatt zur Verwendung von Setzkeschern in der Angelfischerei geregelt.

Fischwilderei ist die Aneignung herrenloser Fische ohne Erlaubnis.

Elektrofischerei muss behördlich genehmigt werden

Gesetzlich verbotene Fangmethoden sind der Einsatz von Giften und Sprengmittel.

An einem Fischgewässer, an dem man nicht Angelberechtigt ist, darf man kein gebrauchsfertiges Angelgerät mit sich führen.

Fischereiaufseher amtlich verpflichten darf das Ordnungsamt der Gemeinde auf Vorschlag des Fischereiberechtigten oder Fischereipächters.

Die Verpflichtung von Fischereiaufsehern ist wichtig weil die Einhaltung der Bestimmungen über den Fischfang zu Überwachen ist.

Ein Angler hat einem sich ausweisenden Fischereiaufseher auf Verlangen die erforderlichen Ausweispapiere und den Fang zu zeigen.

Für das Kutterangeln in Niedersachsens Küstengewässern gilt die Niedersächsische Küstenfischereiordnung.

Küstengewässer sind die Gebiete innerhalb der 12 Meilen Zone von Nord- und Ostsee, einschließlich aller Meeresbuchten und aller Flüsse bis zu den festgelegten Stellen.

Beim Umgang mit Fischen gilt der Grundsatz: Keinem Fisch sollten ohne vernünftigen Grund Stress und Leiden zugefügt werden.

Die Hegepflicht verpflichtet den Fischereiberechtigten Maßnahmen zu ergreifen, welche die Pflege und Erhaltung der Fischbestände und Gewässer gewährleisten.

Für Hege und Pflege an einem Gewässer ist der Fischereiberechtigte bzw. der Pächter verantwortlich.

Der Landkreis oder die kreisfreie Stadt kann dem Fischereiberechtigten Auflagen erteilen, bestimmte

Mengen Satzfische einzubringen und die Anzahl der Erlaubnisscheine zum Fischfang zu begrenzen.

Zur Erhaltung eines angemessenen Fischbestandes kann der Landkreis oder die kreisfreie Stadt die Ausgabe von Erlaubnisscheinen begrenzen.

Wenn man ein fremdes Gewässer befischen will muss man sich vorher nach den Vorschriften des Fischfanges, z.B. Mindestmaße,Schonzeiten,Fangbegrenzungen erkundigen.

Nur der Fischereiberechtigte darf Besatzmaßnahmen durchführen, der Erlaubnisscheininhaber darf das nicht.

Ein Fischereiverein kann verlangen das an seinen Gewässern außer den gesetzlich vorgeschriebenen Ausweisen auch noch andere (z.B. Mitgliedsausweis eines Fischereiverbandes) mitgeführt werden.

Die Einhaltung der Hegepflicht wird überwacht vom Landesamt für Verbraucherschutz, Ernährung und Lebensmittelsicherheit (LAVES).

Der Bisam darf durch berechtigte Personen gefangen werden.

Existieren Entnahmebeschränkungen wie viele Fische pro Art und Angeltag entnommen werden dürfen , sind diese in der jeweiligen Gewässerordnung vermerkt.

Die gesetzlichen Schonzeiten und Mindestmaße sind in der Niedersächsischen Binnenfischerei- und Küstenfischereiordnung geregelt.

In Fischwegen(-treppen) ist der Fischfang grundsätzlich verboten.

Es dürfen keine Fische aus aus Zier- und Gartenteichen in ein offenes Gewässer ausgesetzt werden.

In Niedersachsen müssen Aalkörbe oder Reusen namentlich gekennzeichnet sein.

Ein Angelverein darf gesetzliche Schonmaße und Schonzeiten dahingehend verändern das er Schonzeiten verlängert und Schonmaße erweitert.

Vorschriften, die den Umgang mit untermaßigen oder während der Schonzeit gefangenen Fischen regeln, finden sich im Fischereigesetz und der Binnenfischerei- und Küstenfischereiordnung.

Tierschutzgerecht wird ein Fisch getötet indem man ihn betäubt, durch Herzstich tötet und dann den Haken löst.

In Niedersachsen haben unter anderen folgende Fischarten Artenschonzeiten: Bachforelle, Hecht, Meerforelle, Zander.

In Niedersachsen sind folgende Fischarten ganzjährig

geschützt: Bitterling, Elritze, Steinbeißer, Schlammpeitzker, Mühlkoppe.

Die Länge eines Fisches misst man von der Maulspitze bis zum Schwanzende.

Lachs und Meerforelle dürfen in Niedersachsen nur entnommen werden wenn sie eingesetzt wurden,

Aale und Plattfische werden durch einen Schnitt hinter dem Kopf bis durch die Wirbelsäule tierschutzgerecht getötet.

Der Schutz der Fischlaichplätze, des Fischlaiches, der Fischbrut und der Fischnährtiere ist lebensnotwendig für den Fortbestand unserer Fischarten.

Ein Angelverein darf die nicht heimischen Graskarpfen zur Bekämpfung zu starkem Unterwasserpflanzenwachstums nur mit behördlicher Genehmigung aussetzen.

XXX

Ende der Antworten auf die möglichen Prüfungsfragen.

Fachbegriffe

Altwasser ehemaliger Flußarm, der nur noch bei Hochwasser oder über das Grundwasser oder mit einem einseitigen Anschluß mit dem Fluß in Verbindung steht.

Adult Erwachsen, geschlechtsreif im Gegensatz zu jugendlich = juvenil

Aerob Unter Sauerstoffeinfluß

AFTMA Standard für die Angabe von Schnurklassen beim Fliegenfischen (**A**merican **F**ishing **T**ackle **M**anufactures **A**ssociation)

Aktion Biegekurve einer Rute unter Belastung
(Spitzenaktion – weiche Spitze, steife Rute
Semiparabolisch- Biegung bis ca. Mitte
Parabolisch – Biegun bis zum Handteil)

Anadrom Fischarten die zum Laichen vom Salzwasser ins Süßwasser ziehen

Anaerob Unter Sauerstoffausschluß

Anfüttern Lockfutter an den Angelplatz ausbringen um die Fische an ihn und den Köder zu gewöhnen.

Anhieb Das Eintreiben des Angelhakens mittels eines kräftigen Ruckes mit der Rute in das Fischmaul.

Anti Tangle Tube Ein biegsames Kunststoffröhrchen das beim Wurf ein verhängen des Vorfachs in der Hauptschnur verhindert.

Arterienklemme Guter Hakenlöser zum entfernen des Hakens aus dem Fischmaul.

Bait Köder (engl.)

Baitcaster kleine Multirolle zum Spinnfischen

Blank Angelrutenrohling ohne Ringe und Griff

Boilie hartgekochte Teigkugeln, sehr proteinreich, mit Geschmacks- und Farbstoffen, für Karpfen und andere Cypriniden geeignet.

Bolognese Rute Beringte, lange Stipprute zum Weißfischfang im Fließgewässer gut geeignet.

Caster verpuppte Maden, gut geeignet zum Anfüttern und zum Fang von Cypriniden.

Centrepinrolle Kaum noch hergestellter einfacher Rollentyp, Aufbau ähnlich einer Fliegenrolle, wird am Fließwasser benutzt da der Köder mit der Strömung frei abtreiben kann.

Endemisch Örtlich stark begrenztes Vorkommen von Tier- und Pflanzenarten.

Eutrophierung Anreicherung eines Gewässers mit Pflanzennährstoffen, Überdüngung durch Nährstoffe aus der Landwirdschaft, Folge ist übermäßiges Pflanzenwachstum.

Feeder Futterkorb (engl.)

Fettflosse Kommt fast nur bei Salmoniden (Forelle,Lachs) und Coregonen (Renken,Felchen) vor und ist eine kleine Flosse zwischen Rücken- und Schwanzflosse , funktionslos.

Futterkorb Ein mit Blei beschwerter kleiner Korb aus Draht oder Kunststoff gefüllt mit Anfutter. Ermöglicht weite Würfe und das Anfüttern direkt am Haken.

Gaff Landungshaken für große Fische, heute eher nicht gebräuchlich da das Tier unnötig stark verletzt wird.

Gebietsfremde Fischarten ,die mittels Mitwirkung des Menschen bei uns angesiedelt wurden. Als bekanntester Vertreter dient die Regenbogen-forelle aus Nordamerika.Als einheimisch gelten alle Arten die vor 1492 bei uns lebten.

Gumpen Tiefe Stelle im Gewässergrund,guter Fischstandplatz immer einen guten Fang wert.

Katadrom Fische die vom Süßwasser ins Salzwasser zum laichen ziehen.

Litoral Die Uferzone, wird vom Licht durchsetzt.

Nekrose Das absterben von Zellen und Gewebe.

Nitrifikation Oxidation von Ammonium zum Nitrat durch Bakterien.

Nymphe Künstliche Nachbildung eines Insektes zum Fliegenfischen.

Ökologie Die Lehre von den Beziehungen aller Lebewesen unter einander und mit ihrerUmwelt.

Oligotroph Nährstoffarm, geringe Produktionskrsft.

Pelagial Freiwasserzone

Pelagisch Freischwimmend

Phytoplankton Planzliches Plankton

Plankton im Wasser schwebende und schwimmende Keinstorganismen.

Protein Eiweißkörper

Selbstreinigung Abbau und Mineralisierung von Stoffen durch Mikroorganismen.

Toxin Gift

VDSF Verband Deutscher Sportfischer

Vollzikulation Umwälzung der gesamten Wassermasse eines stehenden Gewässers .

Vorfluter Bäche und kleinere Flüsse die abfließendes Wasser einem größeren Fluß zuführen

Zooplankton Tierisches Plankton.

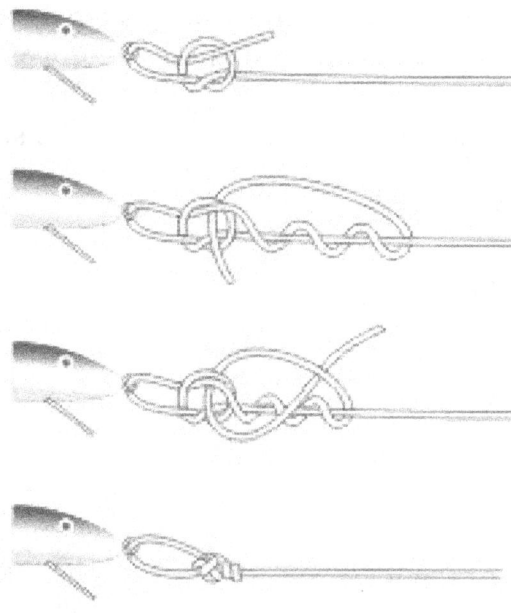

Wichtige Adressen

Anglerverband Niedersachsen e.V.
Brüsseler Str. 4
30539 Hannover

Telefon:
(0511) 357266-0

Fax:
(0511) 357266-70

E-Mail:
info@av-nds.de

Geschäftszeiten:
Dienstag, Donnerstag: 8:30 - 15:30 Uhr
Montag,Mittwoch,Freitag: 8:30 - 13:00 Uhr

Geschäftsstelle:
Frau Skeretsch   : (0511) 357266-31
Frau Wolf-Juranek : (0511) 357266-30

LAVES

Nds. Landesamt für Verbraucherschutz und Lebensmittelsicherheit
Dez. Binnenfischerei - Fischereikundlicher Dienst
Eintrachtweg 19
30173 Hannover
Telefax: 0511/ 28897-980
Email . Dezernat34@LAVES.Niedersachsen-de

Inhalt

Seite Nr.

3	Einführung
5	Auf dem Weg zur Sportfischerprüfung
7	Grundlagen für die Prüfungsfragen
8	Ihre Ausbilder
9	Die Prüfung
16	Inhalte der Prüfungsfragen
17	Allgemeine Fischkunde
22	Spezielle Fischkunde
30	Gewässerkunde
37	Fischfang und Gerätekunde
44	Natur-, Tier- und Umweltschutz
52	Fischereirecht
60	Fachbegriffe
65	Wichtige Adressen

Notizen

IX.MMXVII

www.ingramcontent.com/pod-product-compliance
Lightning Source LLC
Chambersburg PA
CBHW050017230526
45470CB00003B/1006